Rashna Devi

Três variedades diferentes de arroz colorido e perfumado do nordeste da Índia

Rashna Devi

Três variedades diferentes de arroz colorido e perfumado do nordeste da Índia

Imprint

Any brand names and product names mentioned in this book are subject to trademark, brand or patent protection and are trademarks or registered trademarks of their respective holders. The use of brand names, product names, common names, trade names, product descriptions etc. even without a particular marking in this work is in no way to be construed to mean that such names may be regarded as unrestricted in respect of trademark and brand protection legislation and could thus be used by anyone.

Cover image: www.ingimage.com

This book is a translation from the original published under ISBN 978-3-659-67811-0.

Publisher:
Sciencia Scripts
is a trademark of
Dodo Books Indian Ocean Ltd. and OmniScriptum S.R.L publishing group

120 High Road, East Finchley, London, N2 9ED, United Kingdom
Str. Armeneasca 28/1, office 1, Chisinau MD-2012, Republic of Moldova, Europe
Printed at: see last page
ISBN: 978-620-7-63541-2

Dedicado a

A minha adorável e respeitada mamã e papá.

Obrigado por estares sempre presente para mim.

PREFÁCIO

O estudo foi concebido como estimativa e avaliação do conteúdo nutracêutico, da atividade antioxidante e da atividade antimicrobiana de **três variedades diferentes de arroz colorido e perfumado do nordeste da Índia.** O arroz é conhecido como o grão da vida e é sinónimo de alimento para os asiáticos, sendo o segundo cereal mais consumido no mundo, a seguir ao trigo. É o alimento de base para dois terços da população mundial e tem também valor medicinal. De acordo com os conceitos ayurvédicos, o grão inteiro é mais facilmente digerido do que a farinha e o arroz é o único cereal que é consumido como um grão inteiro. O Nordeste da Índia, em particular Assam, é rico na produção de vários tipos de arroz, especialmente colorido e perfumado, e é também reconhecido como um centro de origem do arroz e uma fonte rica de diversidade genética. O arroz colorido e perfumado é muito apreciado nos países asiáticos e tem também uma aceitação mais alargada na Europa. As populações dos países do Leste e do Sudeste Asiático, em especial, consomem arroz glutinoso ou não glutinoso, tanto colorido como perfumado. Como suplemento comercial para a saúde, o arroz glutinoso pigmentado (vermelho, castanho, roxo e preto) é popular em todo o mundo devido à presença de um elevado teor de fenólicos, antocianina (o pigmento colorido) e capacidade anti-oxidante em matérias-primas específicas.

Gostaria de agradecer à minha supervisora, a Sr.ª Manashi Garg, Professora Assistente, Departamento de Biotecnologia, Universidade de Assam Down Town, e à Sr.ª Banasmita Devi, Professora Assistente, Departamento de Bioquímica, Universidade de Assam Down Town, pela sua supervisão, sugestão e orientação. Estou especialmente grato ao Dr. P.C. Sharma, Diretor do Down Town College of Allied Health Sciences, e ao Dr. B.G. Unni, Diretor de Investigação da Universidade de Assam Down Town, pelos seus esforços no sentido de nos proporcionarem todas as facilidades possíveis para obtermos atempadamente os resultados do nosso projeto. Gostaria também de estender os meus agradecimentos à Sra. Rekha Kalita, Professora Assistente do Departamento de Estatística da Universidade de Assam Down Town, e a todos os docentes do Departamento de Biotecnologia, do Departamento de

Bioquímica e do Departamento de Microbiologia da Universidade de Assam Down Town, pela sua ajuda e apoio durante toda a dissertação, sem os quais esta não teria sido possível.

ÍNDICE

Cm	Centimeter
G	Gram
%	Percentage
Ml	Milliliter
M	Molar
µl	Micro liter
µg	Micro gram
DPPH	2,2-diphenyl-1-picryl-hydrazyl
H_2O_2	Hydrogen Peroxide
^{O}C	Degree Celsius
k/cal	Kilo Calorie
Nm	Nanometer
Mm	Milli Molar

RESUMO:

O presente estudo foi realizado para avaliar as propriedades antioxidantes, antibacterianas e nutracêuticas de três variedades de arroz colorido perfumado cultivadas na região nordeste. O estudo para a análise do conteúdo nutracêutico envolveu mais de cinco conteúdos para encontrar uma correlação significativa de todas as variedades de arroz. A atividade antioxidante foi medida utilizando peróxido de hidrogénio e ensaios de eliminação de radicais livres 2, 2-difenil-l-picrilhidrazil (DPPH). As actividades antioxidantes das amostras estudadas foram expressas como percentagem (%) de inibição dos radicais DPPH e H2O2 e valor IC50. Entre os diferentes extractos de arroz em bruto, o extrato metanólico do arroz preto apresentou a maior atividade antioxidante em comparação com o extrato aquoso das outras duas variedades para DPPH (89,29±0,139) e H2O2 (80,97±0,091) com um valor IC50 de 40 µg/ml e 42,µg/ml, respetivamente. Além disso, o resultado da CIM contra a estirpe de *estafilococos* testada foi notavelmente eficaz com um valor significativo de 119 jig/ml para o arroz preto, tendo o DMSO como controlo positivo.

CAPÍTULO 1

INTRODUÇÃO:

O arroz *Oryza sativa L.* é conhecido como o grão da vida e é sinónimo de alimento para os asiáticos. O arroz é o segundo cereal mais consumido no mundo, a seguir ao trigo. É o alimento básico para dois terços da população mundial e tem também valor medicinal. O arroz é consumido como um grão inteiro e, de acordo com os conceitos ayurvédicos, os grãos inteiros são facilmente digeridos em comparação com a farinha (Ahuja et al., 1995). Especialmente na Índia, a região nordeste é rica na produção de várias espécies de arroz (Dutta et al., 1978).

Os antioxidantes são as moléculas que podem combater os radicais livres. As moléculas antioxidantes são capazes de contrariar os radicais livres para evitar os efeitos nocivos da oxidação nos tecidos animais. As moléculas de radicais livres, que possuem electrões não emparelhados e que, para se manterem estáveis, retiram electrões a células vizinhas insuspeitas, são responsáveis por uma vasta gama de doenças e enfermidades crónicas, como o cancro, as doenças cardiovasculares, o envelhecimento e as doenças inflamatórias, e também induzem o stress oxidativo em vários componentes celulares, incluindo proteínas, lípidos e ADN. As moléculas antioxidantes são muito importantes para uma boa saúde porque protegem o nosso organismo dos danos causados por moléculas nocivas desnecessárias. Em comparação com os antioxidantes sintéticos, as fontes naturais de antioxidantes são benéficas para a saúde e protegem o nosso organismo do stress oxidativo, sendo as fontes naturais os cereais, os legumes e os frutos. Seja para consumo humano ou para alimentação animal, o arroz é a cultura cerealífera mais importante em todo o mundo, sendo rico em muitos componentes nutritivos, como hidratos de carbono, proteínas, ácidos gordos, vitaminas e minerais (Saenkod et al., 2013). O arroz é também uma boa fonte de muitos compostos bioactivos não nutritivos ou fitoquímicos, como compostos fenólicos, taninos, lenhinas, orizanol, tocotrienóis, tocoferóis, fenilpropanóides e flavonóides (Hansakul et al., 2011).

O termo nutracêutico foi cunhado pelo Dr. Stephen De Felice em 1989. O termo

"

nutracêutico significa "Nutrição" e "Farmacêutico" (Brower. V. et al., 1998). Através das ferramentas moleculares modernas, chegámos ao conhecimento de que várias plantas têm componentes activos, denominados nutracêuticos, que contribuem para a abundância de propriedades (Aggarwal BB, et al 2009). Um nutracêutico é uma substância que pode ser considerada como um alimento ou parte de um alimento que proporciona vários benefícios, tais como benefícios médicos e para a saúde (Zeisel SH, et al., 1999).

Os antimicrobianos de origem vegetal têm um enorme potencial terapêutico. São eficazes no tratamento de doenças infecciosas, atenuando simultaneamente muitos dos efeitos secundários que estão frequentemente associados aos antimicrobianos sintéticos.

O Nordeste da Índia, nomeadamente Assam, é rico na produção de arroz colorido e perfumado. Trata-se de um grão descascado com uma cor vermelha ou púrpura caraterística, para além de um cinzento claro no seu farelo. De todos os arrozes coloridos, o arroz preto, em especial, é consumido há muito tempo e considerado um alimento saudável na Coreia (Medhabati K et al, 2014). Embora o arroz colorido seja duro na sua textura de cozedura, possui efeitos benéficos do pigmento colorido, as substâncias coloridas que ocorrem naturalmente, como a antocianina, que pertence à família dos flavonóides, que combate o efeito nocivo dos radicais livres tóxicos e tem grandes propriedades farmacológicas (Frank G et al, 2010)

Igualmente interessante é este alimento para a eliminação de uma série de outros problemas, incluindo obesidade, edema, hipertensão, doenças dos rins e diabetes, ao libertar glicose de forma bastante moderada e constante, o que permite estabilizar o nível de açúcar no sangue (www.medicinal properties of rice.com). A presença de orizanol no arroz integral também garante a sua afetividade na redução do nível de colesterol (LDL) no sangue.

Para uso externo, serve como um bom anti-inflamatório e adstringente na sua forma esmagada e seca. Com os seus potentes compostos bioactivos, tais como compostos fenólicos, taninos, lignina, orizanol, tocotrienóis, tocoferóis, fenil propanóides e flavonóides (AD Kaur et al, 2012), o(s) arroz(s) colorido(s) é(são) responsável(is) por combater uma vasta gama de doenças. O arroz, com os seus componentes activos, é frequentemente considerado uma fonte rica de nutracêuticos, o que normalmente significa "Nutrição" e "Farmacêutico", e o arroz colorido é profundamente rico em ferro (Fe), zinco (Zn) e minerais, vitamina A, vitamina B e vitamina E, que são benéficos para a prevenção especial de doenças cardíacas e, em geral, considerados mais nutritivos. O conteúdo nutracêutico relatado em Chakhao, o arroz glutinoso preto aromático Manipuri do nordeste da Índia, foi relatado com grande valor para o benefício da saúde humana e também para a enorme procura no mercado. O documento também relata a atividade antimicrobiana do arroz, que tem sido reivindicada com enorme potencial terapêutico e eficaz no alívio de muitos dos efeitos secundários que estão frequentemente associados aos antimicrobianos sintéticos (Das KR et al, 2014).

Estas preparações são consideradas o remédio eficaz do composto fenólico e dos flavonóides como constituintes activos para o tratamento de doenças humanas e na investigação anti-infecciosa da Ayurveda indiana. O pó de arroz e a polúcia eram o talco aplicado externamente antes da produção do pó de talco moderno e de vários cremes em caso de sarampo, varíola, calor espinhoso e outras infecções cutâneas ou infecções inflamatórias da pele, tais como escaldões e inchaços (Guo H et al, 2008). A atividade antibacteriana boa e poderosa relatada do extrato bruto de arroz colorido é contra bactérias causadoras de infecções da pele e dos tecidos moles, tais como *Staphylococcus aureus* (Handique AK et al 2010). O óleo de farelo de arroz, que tem grandes propriedades medicinais e farmacêuticas, é amplamente utilizado e também tem sido objeto de atividade antibacteriana contra agentes patogénicos humanos (Ahuja U et al, 2008).

A fábrica de interesse

O arroz selecionado para o trabalho de projeto é o seguinte

- ❖ Arroz preto.
- ❖ JohaRice.
- ❖ Bora Rice.

Arroz preto:

O arroz é o principal cereal alimentar na Ásia e o alimento básico de quase metade da população mundial (Han et al., 2004). O arroz colorido tem uma cor vermelha ou púrpura no grão inteiro e, para além do cinzento claro no seu farelo, é uma fonte enriquecida de flavonóides devido à presença de muitos pigmentos de antocianina (Ryu et al., 2003). Os pigmentos de antocianina são solúveis em água, representantes dos flavonóides, responsáveis pela cor preta, azul, púrpura e vermelha de muitos tecidos vegetais, dependendo do seu pH. Nos países do Sul da Ásia, como a Índia, a Tailândia e a China, onde existem diversas variedades de arroz com uma longa história de cultivo, o seu nome deriva da sua cor preta (Kong et al.,2008). Em algumas variedades de arroz preto, a antocianina está presente no caule e nas folhas, bem como nos grãos, enquanto noutras apenas os grãos são pigmentados. A casca do farelo do arroz preto contém um dos níveis mais elevados de antocianina (Yao et al.,2013). Os principais compostos, como a antocianina e o gama-orizanol, têm-se mostrado acumulados no arroz preto glutão. O arroz colorido é considerado mais nutritivo, tendo-se verificado que é rico em ferro (Fe), zinco (Zn) e minerais, vitamina A, vitamina B e vitamina E, que são benéficos especialmente para a prevenção de doenças cardíacas e para a saúde em geral (Chen et al.,2003). As antocianinas, pigmento colorido que ocorre naturalmente, têm grandes propriedades farmacológicas e antioxidantes e pertencem à família dos flavonóides (Guo et al., 2008). O pigmento colorido antocianina tem uma boa atividade antioxidante ou atividade de eliminação de radicais livres (Kowalczyk et al., 2003). Os antioxidantes que se encontram no arroz preto pigmentado têm um grande poder para inibir a inflamação do corpo (Tsuda et al.,1996) e que também actuam como agentes anticancerígenos (Kamei et al.,1995, Martin et al.,2003, Hyun et al.,2004, Zhao et al.,2004, Chen et al.,2006) e reduzem os níveis de colesterol e de açúcar no sangue, promovem a circulação sanguínea, retardam os danos e o envelhecimento dos tecidos (Chen et al, 2003, Rechner et al.,2005 ,Hirunpanich et al.,2005 ,Tedesco et al.,2001) e também inibem a secreção de ácido gástrico, afectam a função da glândula pituitária e inibem a agregação plaquetária (Butalli et al.,2008).O Nordeste da Índia, particularmente Manipur, é rico no cultivo de arroz preto, cujo nome comum é Chakhao. O arroz preto, também conhecido como arroz de longevidade e arroz roxo, é uma gama de tipos de arroz da espécie *Oryza sativa* L. O arroz preto cozinhado, a cor preta profunda transforma-se em cor roxa profunda, sendo adequado para fazer vários alimentos como: papas, sobremesas, bolos, etc. (Ichiyanagi et al., 2001).

Figi. Arroz preto
Classificação do arroz preto:

Reino: Plantae

Sub-reino: Traqueobiontes

Superdivisão: Spermatophyta

Divisão: Magnoliophyta

Classe: Liliopsida

Subclasse: Commelinidae

Ordem: Cyperales

Família: Poaceae

Género: *Oryza*

Espécie: *sativa L*

Nome biológico: O. *sativa L*

Nome local: Chakhao.

Joha Rice:

O arroz que possui um odor no seu grão e partes da planta é conhecido como arroz perfumado, que também emite o odor nos campos e durante a moagem, cozedura e retém o odor no armazenamento (Gibson, 1976; Jefferson, 1985).O aroma não se restringe a um tipo específico de arroz, podendo ocorrer em arroz *Japonica* e *Indica,* glutinoso e não glutinoso, de tamanho longo, médio ou curto, de grão grosso e fino, e de várias cores, ou seja, arroz preto, vermelho, roxo e branco. O arroz aromático é considerado de melhor qualidade devido à presença de aroma e a diferentes tamanhos (grão curto, médio e longo), e está agora a tornar-se mais popular no Médio Oriente, na Europa e nos Estados Unidos, e a maior parte do comércio de arroz aromático ou perfumado vem da Índia, do Paquistão e da Tailândia, (Singh et al, 2000). O aroma agradável que sentimos no arroz aromático cozinhado ou não cozinhado ou nos arrozais (na altura da floração do arroz perfumado) resulta da presença de um grande número de compostos numa proporção específica de arroz. Foi analisado um total de 114 compostos voláteis do arroz aromático cozinhado que são responsáveis pelo aroma e o principal contribuinte para o aroma foi a 2-acetil-l-pirrolina (2-AP) (Tsuzuki et al.,1981 e Buttery et al., 1983). Embora o arroz aromático que é popular no mercado mundial seja de grão longo, a maioria do arroz aromático indígena indiano é de grão pequeno e médio. Atualmente, muitos criadores de plantas e químicos alimentares têm estado interessados em determinar os compostos voláteis que já estão presentes no arroz aromático, devido ao impacto económico e cultural do arroz aromático, sendo necessário aumentar a sua produtividade sem sacrificar os seus traços de qualidade (Weber et al.,2000). Atualmente, o arroz aromático é um produto importante no comércio internacional.

Na região nordeste da Índia, o arroz Joha é maioritariamente cultivado em Assam, através do cultivo em arrozais. Existem muitas variedades diferentes de arroz Joha em Assam, nomeadamente Kunkuni Joha, Kali Joha, Tulsi Joha, Manki Joha, Bogi Joha, Ranga Joha, Manikimadhuri Joha, Joha Bora, Krishna Joha, Bengoli Joha, Bhaboli Joha, Bogamanikimadhuri Joha, Bokul Joha, Bor Joha, Goalporia Joha-1,

Goalporia Joha-2, Karnini Joha, Khorika Joha, Kon Joha-1, Kon Joha-2, Ramphal Joha, etc.

Fig.2: Arroz Joha

Classificação do arroz Joha:

Reino: Plantae

Sub-reino: Traqueobiontes

Superdivisão: Spermatophyta

Divisão: Magnoliophyta

Classe: Liliopsida

Subclasse: Commelinidae

Ordem: Cyperales

Família: Poaceae

Género: *Oryza*

Espécie: *sativa L*

Nome biológico: O. *sativa L*

Nome local: Kunkuni Joha

Bora Rice:

O arroz ceroso é muito apreciado nos países asiáticos e tem também uma aceitação mais alargada na Europa. A população, especialmente dos países do Leste e

Sudeste Asiático, consome tanto arroz glutinoso como arroz não glutinoso. Como suplemento comercial de saúde, o arroz glutinoso pigmentado (vermelho, castanho, púrpura e preto) é popular em todo o mundo devido à presença de um elevado teor de fenólicos, antocianina, o pigmento de cor, e capacidade antioxidante em matérias-primas específicas (Kong et al., 2008). O nordeste da Índia, em particular Assam, é reconhecido como um centro de origem do arroz ceroso e é uma fonte rica de diversidade genética do arroz ceroso. O arroz ceroso Assam Bora *(Oryaa sativa L, variedade Japonica)*, um grupo de arroz glutinoso de Assam, caracterizado por um elevado teor de amilopectina, foi introduzido em Assam a partir da Tailândia ou da Birmânia há bastante tempo (Sharma et al.,1971). Devido ao elevado teor de amido e às suas propriedades no arroz Bora e à crescente procura de amidos naturais na indústria farmacêutica, é possível comprimir diretamente o amido de arroz Bora como excipiente para comprimidos (Bhattacharya et al., 2010). O arroz glutinoso, ceroso ou pegajoso é um tipo de arroz classificado como tendo uma amilase muito baixa. O arroz branqueado pegajoso apresenta uma cor leitosa ou opaca, ao contrário do arroz não glutinoso. Devido à presença de amido e às suas propriedades no arroz glutinoso, que gera diferentes texturas de utilização final sob vários teores de humidade, o arroz glutinoso não é apenas consumido como prato principal, mas também é consumido como preparado em diferentes formas para fazer vários tipos de produtos alimentares, tais como cobertura, snack e sobremesa (Wiset et al.,2011).

O Bora soul ceroso ou arroz Bora é uma variedade de arroz glutinoso muito cultivado em Assam e utilizado sobretudo em ocasiões tradicionais assamesas, como o Bihu, para confecionar vários alimentos tradicionais, como o Jolpan (aperitivos) e o Pitha (bolo de arroz ou panqueca). Devido à sua qualidade pegajosa, o reinado Ahom de Assam utilizava Bora Soul com ovo de pato para a construção de edifícios. Existem muitas variedades diferentes de arroz Bora em Assam, nomeadamente Bakul Bora, Ghee Bora, Jolpan Bora, Ahu Bora, Lal Bora, Joha Bora, etc.

Fig. 3: Arroz de Bora

Classificação do arroz Bora:

Reino: Plantae

Sub-reino: Traqueobiontes

Superdivisão: Spermatophyta

Divisão: Magnoliophyta

Classe: Liliopsida

Subclasse: Commelinidae

Ordem: Cyperales

Família: Poaceae

Género: *Oryza*

Espécie: *sativa L*

Nome biológico: O. *sativa L*

Nome local: Bakul bora.

CAPÍTULO 2

<u>REVISÃO DA LITERATURA</u>

Ahuja *et al.*, 2008, afirmaram que o arroz é o grão da vida. Para além disso, tem sido considerado um alimento básico em quase todos os países asiáticos. Desempenha também um papel fundamental na nossa vida social, nos rituais e nos festivais. Além disso, o valor medicinal do arroz actua como o principal constituinte da solução de reidratação oral (SRO) que salva vidas. O Comissário referiu ainda que, durante o período ayurvédico, algumas das espécies de arroz eram utilizadas no tratamento de várias doenças, como diarreia, vómitos, febre, etc. Ainda hoje, certas variedades com valor medicinal são utilizadas para tratar doenças de pele, tensão arterial, etc., bem como como tónico para a saúde e a lactação. O arroz colorido é rico em minerais e polifenóis e tem propriedades antioxidantes.

De acordo com um artigo de revisão de Ahuja et al., 2008, o(s) arroz(s) perfumado(s) também foi considerado altamente específico e cada estado indiano tem o seu próprio arroz perfumado. O cheiro que se encontra basicamente no arroz perfumado é uma forma mutante do arroz normal no gene BAD2. Este arroz desempenha um papel vital na melhoria da situação económica de muitas regiões.

Ekta K. Kalra, 2003, num estudo, tentou redefinir nutracêutico, alimentos funcionais e suplementos dietéticos. As definições propostas ajudaram a distinguir entre alimentos funcionais, nutracêuticos e suplementos dietéticos, e também ajudaram a conhecer as vantagens e desvantagens dos nutracêuticos.

Park et al., **2008,** estudaram o isolamento da antocianina do arroz preto (Heugjinjubyeo) e o rastreio das suas actividades antioxidantes do(s) arroz(s) colorido(s), especialmente com pigmentos roxos ou vermelhos no seu farelo. Devido à presença de muitos compostos bioactivos com antocianina, o arroz preto tem demonstrado conter mais nutrientes e é valioso no mundo da investigação. A antocianina é um pigmento de cor vegetal e solúvel em água que representa os flavonóides. A antocianina é uma mistura de cinco compostos diferentes: -cianidina3-o-glucósido, peonidina3-o-glucósido, malvidina3-o-glucósido, pelagonidina3-o-glucósido e delfinidina3-o-glucósido. O pigmento antocianina que se encontra no arroz preto tem uma boa atividade antioxidante.

Teramoto et *al.*, **2011,** relataram a produção e a atividade antioxidante de bebidas alcoólicas feitas a partir de levedura tailandesa *ou* de arroz preto (Oryza *saliva* var. *Indica* cv. *Shiun)*. A bebida alcoólica de cor vermelha feita especialmente a partir de grãos de arroz preto não cozidos é semelhante à do vinho rosé ou tinto. Neste estudo, concluíram que a quantidade mais elevada de pigmento antocianina presente na bebida alcoólica de arroz preto não cozinhado, em comparação com a bebida alcoólica de arroz preto cozinhado, e a bebida alcoólica de arroz preto não cozinhado também apresenta uma elevada atividade antioxidante.

Wang *et al.*, **2007,** estudaram a suplementação da fração de pigmento do arroz preto que melhora o estado antioxidante e anti-inflamatório em pacientes com doença coronária. O arroz preto rico em pigmentos de antocianina demonstrou actividades anti-aterogénicas em vários modelos animais. Assim, neste estudo, investigou-se a influência do pigmento de antocianina contra a doença cardíaca coronária humana. Após seis meses de investigação, o resultado pode sugerir que o arroz preto rico em pigmentos de antocianina pode ser eficaz contra a doença cardíaca coronária, melhorando o estado da atividade antioxidante do plasma e inibindo também os factores inflamatórios.

Sangkitikomol et *al.*, **2010,** avaliaram o extrato rico em pigmentos de antocianina do arroz preto pegajoso para efeitos anti-hiperlipidémicos e antioxidantes em células HepG2. Investigaram a viabilidade celular utilizando o ensaio MTT e o ensaio de vermelho neutro e o teste de stress oxidativo foi determinado utilizando o ensaio DCFH-DA. Utilizando a PCR, avaliaram o efeito do extrato rico em pigmentos de antocianina na expressão dos genes LDLR, HMG-CoAR, PPAR e LXRa. Por fim, ou após a investigação, concluíram que aumentam e regulam a expressão do gene LDLR na célula Hep G2 ou na membrana de superfície da célula HepG2, o que ajuda a manter a homeostase lipídica.

Pengkumsri et *al.,* **2015,** estudaram as propriedades físico-químicas e antioxidantes das variedades de arroz preto, castanho e vermelho do norte da Tailândia. A principal cultura cerealífera em quase todos ou na maioria dos países em desenvolvimento é o arroz, a semente da espécie oryza. A maior parte da produção de arroz é feita no continente asiático, que é consumido por metade da população mundial, mas de todas as variedades de arroz, algumas variedades de arroz que têm uma cor especial não são habitualmente consumidas. Os compostos bioactivos com arroz de cor rica em pigmentos de antocianina, ou seja, arroz preto (também conhecido como púrpura), vermelho e castanho, exercem propriedades físico-químicas e antioxidantes. O estudo comparativo das propriedades físico-químicas e antioxidantes entre os três tipos de arroz, o arroz de cor preta apresentou propriedades físico-químicas e antioxidantes mais elevadas e mais ricas.

Das *et al.,* **2014,** estudaram o potencial do Dark Purple Scented Rice. O pigmento antocianina é basicamente observado na fruta, que também está presente no arroz colorido e tem grandes propriedades medicinais, o que é mais valioso e benéfico para a saúde humana. Os tocotrienóis, o orizanol, a luteína, o ácido gama-amino-butírico, o butil-hidroanisol, a zeaxantina, o fitosterol e o sacarídeo do farelo de arroz são compostos medicinais importantes que estão presentes no arroz colorido. Os nutracêuticos que se encontram no **CHAKHAO**, o arroz glutinoso preto aromático de Manipuri, têm sido relatados como sendo de grande valor para a saúde humana e também com uma enorme procura no mercado.

Bhattacharya et al., **2010,** determinaram o amido de arroz Assam bora como aglutinante de enchimento diretamente compressível. O arroz Assam Bora é de natureza glutinosa e contém 90% de amido. Os amidos naturais são atualmente muito populares no mundo da investigação farmacêutica como excipiente compressível para comprimidos. Os investigadores extraíram amido do arroz Assam Bora e avaliaram vários parâmetros, incluindo o tamanho das partículas, a densidade real, a densidade aparente, a densidade de batida e as características de fluxo. Neste estudo, prepararam comprimidos que continham fumarato de cetotifeno como fármaco modelo com o amido de arroz Assam Bora como um ligante de enchimento único.

Chaturvedi et al., **2011,** no seu estudo, mostraram que os alimentos nutracêuticos e funcionais mais comuns à base de cereais se encontram no arroz, trigo, aveia, cevada, painço, com, trigo sarraceno, sorgo, linhaça psílio, arroz integral e seus produtos. Nos nutracêuticos estão presentes vários nutrientes que são identificados para reduzir o risco de doenças coronárias, pressão arterial, reduzir a taxa de absorção de colesterol e gordura, incidência de tumores, risco de cancro, retardar o esvaziamento gastrointestinal e proporcionar saúde gastrointestinal. Concluíram que a ingestão regular de cereais e dos seus produtos pode contribuir para melhorar a saúde e evitar doenças.

Rohrer et al., **2004,** estudaram os compostos nutracêuticos, incluindo tocotrienóis, tocoferóis e orizanol, extraídos de dois tipos de variedades de arroz, ou seja, Cypress e drew. Mediram a espessura das fracções e quantificaram o conteúdo nutracêutico da fração e concluíram que o conteúdo nutracêutico orizanol estava presente em alta concentração.

Kour *et al.*, **2014,** afirmaram que os nutracêuticos são, sem dúvida, os segmentos mais importantes e de crescimento mais rápido na indústria alimentar. A ignorância e a falta de conhecimento sobre os nutracêuticos presentes nos ingredientes alimentares têm, de facto, impedido a sua utilização por uma vasta gama da população. Devido ao desconhecimento dos nutracêuticos, algumas das doenças degenerativas e crónicas estão amplamente disseminadas. Afirmaram também que a utilização de nutracêuticos pode prevenir e tratar várias doenças agudas ou crónicas. Alguns nutracêuticos, como o gama-orizanol, os beta-glucanos, os lignanos e os compostos fenólicos, possuem poderosas propriedades benéficas para a saúde.

Mishra et al., **2014,** investigaram a eficácia da propriedade antioxidante e do conteúdo nutracêutico do arroz colorido, dependendo de vários métodos de processamento, como a cozedura no micro-ondas, a torrefação e a autoclavagem. A atividade de eliminação do DPPH e o ensaio do poder redutor do ferro foram utilizados para o estudo antioxidante e, como nutracêutico, foram avaliados os compostos fenólicos totais, flavanóides e ácido fítico. A atividade antioxidante mais elevada é a do extrato de arroz colorido torrado. Os compostos fenólicos e flavanóides mais elevados aparecem no extrato de arroz transformado, mas o extrato de arroz transformado apresenta o ácido fítico mais baixo em comparação com o método alternativo.

Gupta et al., **2010,** Hipócrates, o pai da medicina, que proclamou há quase 25 séculos: "Que o alimento seja o teu remédio e o remédio seja o teu alimento". O foco principal desta revisão foi a forma como a nossa dieta pode prevenir o cancro. Especialmente, eles discutiram nesta revisão como os nutracêuticos, tais como - gama tocotrienol, curcumina, alicina, apigenina, ácido cafeico, berberina, toxol, fisteína, buteína, silibinina, capsaicina, zerumbona, catequina, galato, quercetina, celasterol,plumbagina, galato de epigalocatequina, flavopiridol, ácido gambogico, resveratrol, genisteína, sanguinarina e sulforafano, derivados do arroz, especiarias, leguminosas, frutos secos, frutas e legumes que podem modular as vias inflamatórias.

Kannappan et al., **2011,** neste artigo, discutiram os nutracêuticos derivados de especiarias que podem atuar como neuroprotectores ou prevenir muitas doenças neurodegenerativas. Os principais nutracêuticos neuroprotectores derivados de algumas especiarias são a curcuma, a pimenta vermelha, os coentros, a pimenta preta, a canela, o cravinho, o alho, o alcaçuz e o gengibre. Os nutracêuticos das especiarias têm como alvo principal a via inflamatória, prevenindo assim as doenças neurodegenerativas.

Sompong et al., **2011,** neste estudo, determinaram as propriedades físico-químicas e antioxidantes de variedades de arroz de cor vermelha e preta. O arroz preto, rico em pigmentos de antocianina, tem dois compostos, nomeadamente - cianidina-3-glucósido e peonoidina-3-glucósido - e a propriedade antioxidante mais elevada foi demonstrada pelo arroz vermelho devido à presença de um elevado teor de compostos fenólicos em comparação com o arroz preto.

Walter et al., **2011,** identificaram compostos fenólicos e a sua atividade antioxidante e também os seus benefícios para a saúde humana a partir do arroz colorido, mostraram que o arroz colorido tem uma boa capacidade antioxidante e também ajuda na prevenção de muitas doenças inflamatórias relacionadas.

Pumirat et al., **2013,** estudaram o facto de o arroz (Oryza *sativa L)* poder suprimir algumas infecções bacterianas devido à presença de alguns compostos nutrientes especiais. No seu estudo, utilizaram plantas (arroz colorido) para o tratamento e a prevenção de infecções bacterianas, o que era uma fonte alternativa segura, eficaz e barata para a resistência das bactérias ao agente antimicrobiano existente. Investigaram a atividade antibacteriana do arroz colorido contra bactérias de infecções da pele e dos tecidos moles, tais como *Staphylococcus aureus, Streptococcus pyogens, Enterococcus spp, Escherichia coli e Pseudomonas aeruginosa* e o resultado positivo demonstrado pelo extrato bruto de arroz colorido contra a bactéria *Staphylococcus aureus.*

Arpan et al., **2013,** afirmaram que os óleos comestíveis são amplamente utilizados devido ao seu grande valor medicinal, propriedades farmacêuticas e atividade antibacteriana contra agentes patogénicos humanos. Investigaram a atividade antimicrobiana do óleo de farelo de arroz contra agentes patogénicos humanos e calcularam a zona de capacidade de inibição do óleo de farelo de arroz contra *E. Coli, Pseudomonas aeruginosa e Staphylococcus aureus* e o seu estudo mostra uma forte atividade antimicrobiana do óleo de farelo de arroz contra *E. Coli, Pseudomonas aeruginosa e Staphylococcus aureus.*

CAPÍTULO 3

MATERIAIS E MÉTODOS:

O DPPH (2, 2-difenil-1-picril-hidrazila) e o peróxido de hidrogénio (30%) foram adquiridos à Sigma-Aldrich (EUA). As estirpes bacterianas foram identificadas e recolhidas no hospital Downtown (Assam, Índia). Todos os outros produtos químicos e solventes eram de grau HPLC. Foi utilizada água desionizada em todas as experiências. As amostras de arroz foram recolhidas em diferentes áreas do Nordeste da Índia nos meses de novembro e dezembro de 2015. As espécies foram autenticadas com o espécime padrão do herbário no Departamento de Botânica da Universidade de Gauhati. As amostras recolhidas foram secas ao ar e transformadas em pó. O processo de extração foi realizado pelo método Soxhlet com metanol como solvente. Pesaram-se 20 g de potência e colocaram-se no suporte de dedal do aparelho durante 5 a 6 horas. O extrato aquoso foi preparado dissolvendo a amostra de arroz seco moído (30g) em 1000ml de água destilada. A mistura foi fervida durante 15 minutos a 100 °C num banho de água quente, arrefecida e filtrada com papel de filtro Whatman. O filtrado assim obtido foi utilizado para a análise.

Análise do conteúdo nutracêutico:

Estimativa do teor de humidade e de matéria seca:

Cerca de 25 gramas de amostra(s) de arroz moído foram pesados (Wl) numa balança eletrónica e mantidos no forno eletrónico durante 12 horas a 105 °C 12. Depois, as amostras foram arrefecidas em exsicadores e pesadas (W2). A perda de percentagem em peso foi expressa como percentagem do teor total de humidade.

A percentagem de humidade foi calculada através da fórmula:

% de teor de humidade = W1 - W2 / W1 X 100

Estimativa do teor de cinzas:

A determinação do teor de cinzas de diferentes amostras de arroz moído foi efectuada segundo o método da AACC 12, com ligeiras modificações. Os pratos de porcelana limpos e secos contendo 2 gramas das amostras moídas foram previamente pesados (Wl). Todos os pratos foram colocados num forno eletrónico a 150 °C durante 33 horas. Após 33 horas de aquecimento e arrefecimento, os pratos de porcelana retirados foram novamente pesados (W3). O peso da cápsula vazia foi registado como (W2).

A percentagem de perda de peso foi expressa como teor de cinzas e calculada pela fórmula:

% de teor de cinzas = W2-W3 / Wl X 100

Estimativa da fibra bruta:

A estimativa da fibra bruta da(s) amostra(s) de arroz moído foi efectuada seguindo o método de digestão ácido-base de Aberoumand e da AACC, com algumas modificações. 2 g da(s) amostra(s) triturada(s) foram tratadas com 200 ml de ácido sulfúrico a 1,25% durante 30 minutos, utilizando aparas de agitação. Após o tratamento com ácido, as soluções foram filtradas com um pano de musselina e os resíduos foram lavados três vezes com alíquotas de 50 ml de água a ferver, seguidas de tratamento com 200 ml de NaOH a 1,25% e fervura durante 30 minutos. A solução obtida foi novamente filtrada e lavada com uma solução de alíquotas. As lavagens finais foram efectuadas com 25 ml de álcool. Os resíduos obtidos foram colocados em pratos de porcelana pré-pesados (Wl) e colocados num forno eletrónico a 130 °C durante 2 horas. Após duas horas de aquecimento e arrefecimento, as placas de porcelana

foram pesadas como W2. Para a ignição, as placas de porcelana foram tratadas a 300 °C durante 1 hora e pesadas novamente como W3 após arrefecimento adequado.

A percentagem de perda de peso ao fogo, que exprime o teor de fibra bruta, foi calculada da seguinte forma

% CFb = W2-W3 / W1 X 100

Estimativa das gorduras:

A extração de gorduras brutas de amostra(s) de arroz moído foi determinada utilizando o método soxhlet reconhecido pela AACC . A amostra triturada (20 g) em papel de filtro foi colocada no suporte de dedal do aparelho e extraída com éter de petróleo durante 5-6 horas. Em seguida, o peso do balão de fundo redondo vazio foi considerado como W1 e o peso do balão com o extrato foi considerado como W2.

A percentagem de gorduras extraídas foi calculada da seguinte forma

Peso da garrafa redonda vazia: W1

Peso do azeite (após extração) garrafa redonda: W2

Peso do óleo: (W1-W2) = W3

Amostra de óleo no solo% = W3 / 20 x 100

Estimativa das proteínas:

O teor total de proteínas da(s) amostra(s) foi estimado segundo o método de Lowry. A 0,5 ml dos extractos, foram adicionados 5 ml de reagente de cobre, mistura de solução A (2% Na_2CO_3 em NaOH 0,1N) e solução B (0,5% $CuSO_4$ em 1% Tartarato de Sódio e Potássio). O conteúdo dos tubos foi misturado agitando-os e deixou-se repousar durante 10 minutos à temperatura ambiente. Adicionou-se 0,5 ml de reagente Folin-Ciocalteau diluído a todo o conteúdo e misturou-se bem. A absorvância foi lida a 660 nm em relação a um branco adequado. A albumina de soro bovino foi utilizada como padrão.

Estimativa de hidratos de carbono:

A estimativa de hidratos de carbono das amostras de arroz foi efectuada segundo o método de Anthrone. A 1 ml dos extractos, foram adicionados cuidadosamente 4 ml de reagente de Anthrone (0,2% de reagente de Anthrone em H_2SO_4 a 95% refrigerado). Os tubos foram fervidos em banho-maria durante 10 minutos, arrefecidos à temperatura ambiente e a absorvância foi lida a 630 nm contra um branco adequado.

Valor nutritivo/valor energético:

O valor nutritivo/energético das amostras foi calculado de acordo com o método de Effiong e Udo e AOAC. O valor nutritivo em quilocalorias por grama (kcal/g) foi determinado multiplicando o valor total da percentagem de gorduras, hidratos de carbono e proteínas pelos factores recomendados de 9, 4 e 4, respetivamente. Os valores obtidos após a multiplicação foram adicionados para obter a soma, que foi então multiplicada por 4,2 para mudar a unidade para quilojoules.

<u>Actividades Antioxidantes:</u>

Atividade de eliminação de DPPH:

A atividade de eliminação de DPPH do metanol e do extrato aquoso da(s) amostra(s) foi testada com ligeiras modificações de acordo com o método de Kaur *et al.* A amostra de teste de diferentes concentrações (10 µg/ml-160 µg/ml) foi preparada e o volume final foi feito em 3ml com DPPH e água destilada. A absorvância foi determinada a 517 nm após incubação de 30 minutos à temperatura ambiente contra um branco apropriado. O ácido ascórbico foi utilizado como padrão.

O ensaio de eliminação do radical DPPH das diferentes amostras de arroz foi calculado pela fórmula:

% de inibição = A branco - A amostra / A branco x 100

O IC50 é definido como a concentração de substrato que causa uma perda de 50% da atividade DPPH (cor).

Atividade de eliminação de peróxido de hidrogénio:

A atividade de eliminação do peróxido de hidrogénio do metanol e do extrato aquoso da(s) amostra(s) foi testada de acordo com o método de Ruchet *et al.* com ligeiras modificações. Os extractos das amostras de concentração (10 µg/ml-160 µg/ml) foram preparados até um volume total de 3 ml, misturando-os com 600 µl de solução de H_2O_2 e água destilada. Após uma incubação de 10 minutos à temperatura ambiente, a absorvância foi registada a 230 nm utilizando o tampão fosfato como branco.

A percentagem de eliminação de peróxido de hidrogénio é calculada do seguinte modo

% de sequestro = A branco - A amostra / A branco x 100

Teste de atividade antibacteriana:

Concentração inibitória mínima:

Foi adicionado o mínimo. Um controlo positivo com concentrações inibitórias de 1% de todos os extractos foi determinado utilizando o método de microdiluição em caldo do Clinical and Laboratory Standard Institute (CLSI) com as modificações adequadas. Foram propostas diluições em série de duas vezes para os extractos, de modo a obter a concentração de 1Omg/ml em cinco tubos de ensaio diferentes. A estes, foram adicionados 5 ml de caldo de cultura de *Staphylococcus aureus da* espécie DMSO e um controlo negativo sem inóculos adicionados.

Os tubos de ensaio foram incubados a 37 °C durante 18 horas. Depois de terminado o período de incubação, os valores de CIM foram determinados considerando a concentração mais baixa de extrato de arroz que causa a inibição completa do crescimento bacteriano.

Análise estatística:

Todos os ensaios foram efectuados em triplicado. Os dados obtidos foram expressos como média ± desvio padrão e a análise foi efectuada através do cálculo do teste t de Student aplicado e ANOVE unidirecional a um nível de confiança de 95%. Os valores de P ≤ 0,05 foram considerados estatisticamente significativos. Os resultados foram apresentados como a média ± S.D.

CAPÍTULO 4

<u>**RESULTADOS E DISCUSSÃO:**</u>

<u>Análise do conteúdo nutracêutico:</u>

No presente trabalho, foi revelado o conteúdo nutracêutico de três variedades de arroz da região nordeste. O estudo envolveu mais de cinco conteúdos para encontrar uma correlação significativa de todas as variedades de arroz. Os resultados estão em consonância com as conclusões de Handique *et al.*, que trabalharam com 14 arroz aromático indígena para determinar os seus valores nutritivos. No entanto, o trabalho efectuado por Borthakur et *al.* mostrou que o teor de fibra bruta do arroz Joha variava entre 1,29% e 2,32%, o que é consideravelmente inferior aos nossos resultados apresentados no **Quadro 1,** *ou seja,* 14,5%. O valor nutritivo ou valores energéticos foram impressionantes no arroz preto, com um valor de 300 Kcal/gm. O teor de proteínas foi mais elevado no arroz preto, em comparação com um valor de 5,2% no arroz castanho e no arroz branco, tal como referido por Souci e seus colaboradores. Isto contrasta com o teor de hidratos de carbono, que foi significativamente mais elevado na variedade de arroz Joha.

<u>QUADRO 1: CONTEÚDO NUTRACÊUTICO DAS VARIEDADES DE ARROZ</u>

Samples	Moisture content%	Fibre content%	Ash content%	Fat content%	Protein Content (μg/ml)	Carbohydrate Content (μg/ml)	Nutritive/Energy value (Kcal/gm)
Black	11.84±0.80	35±0.81	7.5±0.73	1.4±0.24	31±1.63	41±0.72	300.6±0.24
Joha	13.28±1.62	14.5±0.32	10±0.77	0.5±0.03	13±1.26	45±0.84	236.5±1.14
Bora	14.6±0.40	3.5±0.18	4±0.23	0.7±0.13	11±0.89	35±0.57	190.3±1.11

<u>Análise da atividade antioxidante:</u>

A atividade antioxidante para cada um dos extractos brutos de metanol e aquoso foi determinada com a eliminação do radical livre DPPH e a eliminação do radical H2O2. Os dados apresentados na **Tabela 2** e na **Tabela 3** revelaram que a percentagem mais elevada de inibição da eliminação de radicais foi apresentada pelo extrato metanólico da variedade de arroz preto para DPPH (89,29±0,139) e H2O2 (80,97±0.091), respetivamente, de uma forma dependente da concentração com um valor IC50 de 40 µg/ml (DPPH) em comparação com 59,6 µg/ml (extrato aq.) e 53,1µg/ml (extrato de metanol) da variedade Joha e 49,0 µg/ml (extrato aq.) e 45,3 µg/ml (extrato de metanol) da variedade de arroz Bora. Foi também obtido um valor significativo de 42,6 µg/ml para o H2O2 em comparação com os seus 60,1 µg/ml (extrato aq.) e 57,4 µg/ml (extrato metanólico) do arroz Joha e 58,7 µg/ml e 55,2 µg/ml do arroz Bora. Os resultados estudados foram positivamente correlacionados com o trabalho efectuado por Zhang MW e colaboradores sobre o farelo de arroz preto, que foi considerado mais elevado devido à presença do pigmento antocianina. Zhang *et al.* também apresentaram um estudo relacionado com o conteúdo fenólico total e a atividade antioxidante associados ao pericarpo do arroz. É também notório que a atividade antioxidante pode variar de acordo com o tipo de variedade de arroz Gaydou et *al.* Embora as experiências efectuadas para este estudo incluam três genótipos de arroz de tipos diferentes. A confirmação da atividade antioxidante de ambos os extractos pode, por conseguinte, ser confirmada pela presença de diferentes constituintes químicos presentes nos extractos, o que também foi referido como sendo concomitante com o desenvolvimento do poder redutor.

TABLE 2: <u>**% DE INIBIÇÃO DA DPPH POR DIFERENTES CONCENTRAÇÕES DE EXTRACTO E PADRÃO.**</u>

Sl No	Concentration (µg/ml)	%inhibition (water extract)			%inhibition (methanol extract)			%inhibition (Standard)
		Black	Joha	Bora	Black	Joha	Bora	
1	10	35.78±0.098	47.16±0.095	28.42±0.121	25.41±0.139	37.12±.108	44.40±.092	93.48±0.007
2	20	54.51±0.098	51.33±0.095	43.81±0.121	41.63±0.139	48.82±.108	51±.092	94.48±0.007
3	40	64.54±0.098	58.70±0.095	62.54±0.121	63.33±0.139	61.88±.108	65.38±.092	94.68±0.007
4	80	68.39±0.098	82.78±0.095	71.40±0.121	77.59±0.139	75.41±.108	72.57±.092	96.15±0.007
5	160	86.28±0.098	84.29±0.095	85.95±0.121	89.29±0.139	87.95±.108	88.13±.092	96.65±0.007

<u>**TABLE 3:**</u> **% DE INIBIÇÃO DE H2O2 POR DIFERENTES CONCENTRAÇÕES DE EXTRACTO E PADRÃO.**

Sl No	Concentration (µg/ml)	%inhibition (water extract)			%inhibition (methanol extract)			%inhibition (Standard)
		Black	Joha	Bora	Black	Joha	Bora	
1	10	25.54±0.133	9.06±0.185	6.51±0.195	48.78±0.091	15.83±0.162	49.93±0.091	35.75±0.163
2	20	49.55±0.133	44.31±0.185	44.69±0.195	70.11±0.091	48.27±0.162	65.26±0.091	60.40±0.163
3	40	58.24±0.133	63.21±0.185	63.22±0.195	75.35±0.091	59.00±0.162	76.88±0.091	75.99±0.163
4	80	66.02±0.133	68.45±0.185	69.85±0.195	79.44±0.091	62.32±0.162	78.92±0.091	86.84±0.163
5	160	75.73±0.133	74.59±0.185	75.48±0.195	80.46±0.091	78.28±0.162	80.97±0.091	94.39±0.163

<u>Concentração inibitória mínima:</u>

A avaliação da potencial concentração inibitória mínima dos extractos brutos de arroz foi efectuada e a CIM do extrato de arroz preto apresentou um valor de 119 µg/ml, seguido dos valores de 220µg/ml e 251 µg/ml para as variedades de arroz Bora e Joha. Estes valores estavam de acordo com o trabalho de Pompan et al., sobre a concentração antibacteriana e inibitória mínima do arroz colorido contra S. *aureus*. No entanto, os valores relatados no trabalho foram considerados mais elevados do que os valores obtidos no nosso estudo. Além disso, os outros estudos relatados sobre o arroz mostraram significativamente uma atividade eficaz das suas variedades contra outros organismos testados. Também se demonstrou eficaz no combate ao problema associado à gastrite, suprimindo os danos na mucosa gástrica causados pelo *Helicobater pyroli* em gerbos da Mongólia infectados. O extrato de fumo de casca de arroz demonstrou inibir S. *enterica serovar Typhimurium in vitro* num estudo relatado por Kim *et al.,* que protegeu da morte um ratinho infetado. Atualmente, o nosso estudo sugere fortemente a atividade antibacteriana das variedades de arroz com uma maior atividade do arroz preto e atividade anti-estafilocócica.

CAPÍTULO 5

CONCLUSÃO:

Os resultados revelaram uma base mais sólida para a aplicação futura de variedades coloridas e perfumadas, incluindo outras variedades de arroz da região nordeste, que podem proteger, combatendo a cronicidade futura associada ao stress antioxidante, bem como a infeção causada por agentes patogénicos humanos nocivos. Deste modo, podem também ser utilizadas como um melhor suplemento para as doenças, proporcionando-lhes uma nova forma de tratamento. Além disso, para além de desenvolver variedades mais nutritivas, os consumidores de arroz devem ser sensibilizados para os benefícios do consumo de arroz preto. A atividade obtida pelas variedades de arroz pode dever-se ao efeito sinérgico dos compostos activos que podem ser purificados, isolados e caracterizados para estudo posterior.

REFERÊNCIAS:

1. A.D. Kaur, P. Nain e J. Nain: Atividade Antimicrobiana e Antioxidante in *vitro* do extrato de casca de *Gingko biloba*. Revista Internacional de Investigação em Farmácia 2012; 3(6): 116-119.

De A.O.A.C. (1998) *Official methods of Analysis. Arlinghton. (16ª ed). VA: Association of Official Analytical Chemists.*

3. A.O.A.C. (2005). *Métodos oficiais da Association of Office Analytical Chemists.* 18ª edição.

4. AACC: Métodos aprovados pela Associação Americana de Químicos de Cereais. A Am. Assoc. Cereal. Chern. Inc 2000; St. Paul. Minnesota.

5. Abdel-Aal ESM, Young JC, Rabalski I. Anthocyanin composition in black, blue, pink, purple and red cereal grains. *J Agric Food Chem* 2006;54:4696-704.

6. Aberoumand, L. e S.S. Deokule: Estudos sobre os valores nutricionais de algumas plantas silvestres comestíveis do Irão e da Índia. Jornal de Nutrição do Paquistão 2009; 8 (1): 26-31.

7. Aggarwal BB, Kuiken MEV, Iyer LH, Harikumar KB e Sung B: Alvos

moleculares de nutracêuticos derivados de especiarias dietéticas: Potential Role in suppression of inflammation and tumorigenesis (Papel potencial na supressão da inflamação e da tumorigénese). Exp Biol Med 2009; 234(8): 825-849.

8. Ahuja SC, Panwar D, Ahuja Uma, e Gupta KR: Basmati Rice - The Scented Pearl. CCS Haryana Agricultural University, Hisar, Haryana, Índia 1995; 53.

9. Ahuja U., Ahuja SC., Thakar R. e Rani NS. (2008). Scented Rices of India (Arroz perfumado da Índia). *Asian Agri-History* Vol.l2,No.4,2008 (267-283).

10. Ahuja U. , Ahuja SC. , Thakar R. e Singh RK. (2008). Rice - A Nutraceutical . *Asian Agri-History* Vol. 12, No. 2, 2008 (93-108).

11. Akinmoladun AC, Ibukun EO, Afor E, Akinrinlola BL, Onibon TR, Akinboboye AO, Obutur EM e Farombi E.O: Constituintes químicos e atividade antioxidante de *Alstonia boonei,* African Journal of Biotechnology 2007; 6: 1197-1201.

12. AO AC: Official Methods of Analysis 1990; Association of official Analytical Chemists, Washington D. C.

13. Arpan D, Jain P e Singh A: Atividade antibacteriana do óleo de farelo de arroz investigação recente em ciência e tecnologia 2013; 5(2).

14. Asem I, Imotomba RK e Mazumder PB: Conteúdo de antocianina no arroz preto perfumado (Chakhao): seu impacto na saúde humana e na defesa das plantas. Symbiosis 2015; 66: 47-54.

15. Bhattacharya A., Rajakl P., Singh A., Sharma N., Kataki M.S. Assam bora rice starch as directly compressible filler binder. *IJPT* junho 2010 Vol. 2 Edição No.2 245254.

16. Bopitiya D. e Madhujith T. Antioxidant Potential of Rice Bran Oil Prepared from Red and White Rice (Potencial antioxidante do óleo de farelo de arroz preparado a partir de arroz vermelho e branco). *Pesquisa Agrícola Tropical* Vol. 26 (1): 1 - 11 (2014).

17. Borthakur e Ashok: Alterações nos constituintes químicos no desenvolvimento do arroz perfumado e efeito do estrume no rendimento do

grão e nos constituintes químicos. Journal of Food Science Agriculture 1995; 7: 40-44.

18. Brower V: Nutraceuticals: prontos para uma fatia saudável do mercado dos cuidados de saúde? Nat Biotechnol 1998; 16: 728-731.

19. Butelli E, Titta L, GiorgioM,Mock H,Matros A, Peterek S, et al. Enriquecimento do fruto do tomate com antocianinas benéficas para a saúde através da expressão de factores de transcrição seleccionados. *Nat Biotechnol* 2008;26:1301-8.

20. Buttery, R.G., Juliano, B.O. e Ling, L.C. 1983b. Identificação do composto de aroma de arroz 2-acetil-l-pirrolina em folhas de pandano". *Chem. Ind.* (Lond.) 23: 478-479.

21. Buttery, R.G., Ling, L.C., Juliano, B.O. e Tumbaugh, J. 1983a. "Aroma de arroz cozido e 2-acetil-1-pirrolina". *J. Agric Food Chem.* 31: 823-826.

22. Buttery, R.G., Ling, LC. e Juliano, B.O. 1985. 2-acetyl-l-pyrroline and its use for flavouringfoods. Cópias das patentes do USDA estão disponíveis, mediante pagamento, no Commissioner of Patents and Trademarks, U.S. Patents and Trademarks Office, Washington, D.C.20231.

23. Buttery, R.G., Ling, LC. e Mon, T.R. 1986. "Análise quantitativa de 2-acetil-l-pirrolina em arroz". *J. Agric. Food Chem.* 34 112-114.

24. Buttery, R.G., Tumbaugh, J.G. e Ling, L.C. 1988. Contribuições dos voláteis para o aroma do arroz". *J. Agric. Food Chem.* 36: 1006-1009.

25. Chanida S, Zhonghua Liu, Jianan Huang e Yushun Gong: Propriedades bioquímicas anti-oxidativas de extractos de algumas variedades de arroz chinesas e tailandesas. Jornal Africano de Ciência Alimentar 2013; 7(9): 300-305.

26. Chaturvedi N., Sharma P., Shukla K, Singh R e Yadav S. Cereals Nutraceuticals, Health Ennoblement and Diseases Obviation: A Comprehensive Review. *Jornal de Ciências Farmacêuticas Aplicadas* 01 (07); 2011: 06-12.

27. Chen CC, Hsu JD, Wang SF, Chiang HC, Yang MY, Kao ES, et al. O extrato

de Hibiscus sabdariffa inibe o desenvolvimento de aterosclerose em coelhos alimentados com colesterol. *JAgric Food Chem* 2003;51:5472-7.

28. Chen HH1 e Chiu TH: Caracterização fitoquímica de extractos de solventes de farelo de arroz japonica com aroma de taro. Journal of Food Science 2011; 76(4): 56-62.

29. Chen PN, Kuo WH, Chiang CL, Chiou HL, Hsieh YS, Chu SC. As antocianinas do arroz preto inibem a invasão das células cancerígenas através da repressão da expressão de MMPs e u-PA. *Chem Biol Interact* 2006;163:218-9.

30. Das KR, Medhabati K, Nongalleima K e Devi HS: O potencial do arroz perfumado roxo escuro - de alimento básico a nutracêutico. *Ambiente Mundial Atual* 2014; 9(3): 867-876.

31. Dey A., Jain P., Singh A. Atividade antibacteriana do óleo de farelo de arroz. *Investigação Recente em Ciência e Tecnologia* 2013,5(2):18-19.

32. Durkar AM, Patil RR e Naik SR: Atividade hipolipidêmica e antioxidante do extrato etanólico de *Symplocos racemosa* Roxb. em ratos hiperlipidêmicos: uma evidência da participação do estresse oxidativo na hiperlipidemia. Indian J Exp Biol 2014; 52: 36-45.

33. Dutta AK., Gope PS., Banik S, Makhnoon S., Siddiquee MA., Kabir Y. Propriedades antioxidantes de dez variedades de arroz de alto rendimento do Bangladesh. *Jornal do Pacífico Asiático de Biomedicina Tropical* (2012) S99-S103.

34. Effiong G.S e Udo I. F: Nutritive value of indigenous wild fruits in South eastern Nigeria (Valor nutritivo dos frutos silvestres indígenas no Sudeste da Nigéria). Jornal eletrónico de Environ. Agric. Food Chem 2010; 9: 1168-1176.

35. Ekta K. Kal (2003). Nutraceutical - Definição e Introdução. *AAPS PharmSci* 2003; 5 (3) Artigo 25.

36. Frank G, Witebsky, James D, Maclowry e Sally S: Concentrações inibitórias mínimas por diluição em caldo: Fundamentação para a utilização de concentrações antimicrobianas seleccionadas. Journal of Clinical

Microbiology 1979; 9(5):589-595.

37. Friedman M. Nutritional value of proteins from different food sources. Uma revisão. *J Agric Food Chem* 1996;44:6-29.

38. Gaydou EM, Roniza R e Bianchini JP: Análise quantitativa de ácidos gordos e esteróis em óleos de farelo de arroz malgaxes. Journal of Aerican Oil Chemists Society 1980; 57: 141-142.

39. Guo H, Ling W, Wang Q, Liu C, Hu Y e Xia M: Cyanidin 3-glucoside protects 3T3-L1 adipocytes against H2O2- or TNF-a-induced insulin resistance by inhibiting c-Jun NH2-terminal kinase activation. Biochem Pharmacol 2008; 75: 1393^101.

40. Gupta CS, Kim JH, Prasad S e Aggarwal BB, (2010). Regulação da sobrevivência, proliferação, invasão, angiogénese e metástase de células tumorais através da modulação de vias inflamatórias por nutracêuticos. *Cancer Metastasis Rev.* 2010 setembro; 29(3): 405^134. doi: 10.1007/sl0555-010-9235-2.

41. Handique A.K, Roy Jayanti e Handique G.K: Valor nutritivo e caraterização de cultivares de arroz Joha de Assam através de eletroforese de proteínas de sementes. Biomedical Methods of Agricultural Sciences 2010; 47(2): 136-141.

42. Hansakul P, Srisawat U, Itharat A e Lerdvuthisopon N: Conteúdo fenólico e flavonoide dos extractos de arroz tailandês e sua correlação com as actividades antioxidantes utilizando ensaios químicos e celulares. Journal Med. Assoc. Thai 2011; 94(7): 122-130.

43. Hirunpanich V, Utaipat A, Morales NP, Bunyapraphatsara N, Sato H, Herunsalee A, Efeitos antioxidantes de extractos aquosos de cálices secos de Hibiscus sabdariffa Linn. (Roselle) in vitro utilizando lipoproteína de baixa densidade (LDL) de rato. *Biol Pharm Bull* 2005;28:481-4.

44. Htwe NN., Srilaong V., Tanprasert K., Photchanachai S., Kanlayanarat S., Uthairatanakij A. (2010). Baixas concentrações de oxigénio que afectam a atividade antioxidante e os compostos bioactivos do arroz colorido. *Como. J.*

Food Ag-Ind. 2010, 3(02), 269-281.

45. Hyun JW, Chung HS. Cyanidin and malvidin from Oryza sativa cv. Heungjinjubyeo mediate cytotoxicity against human monocytic leukemia cells by airrest of G2/M phase and induction of apoptosis. *J Agric Food Chem* 2004;52:2213-7.

46. Ishihara K, Hirano T. IL-6 in autoimmune disease and chronic inflammatory proliferative disease. *Cytokine Growth Fator Rev* 2002;13:357-68.

47. Juliano C, Cossu M, Alamanni MC, Piu L. Atividade antioxidante do gamma-oryzanol: Mecanismo de ação e o seu efeito na estabilidade oxidativa de óleos farmacêuticos. *Int Agric Food Chem* 2003;51:5472-7.

48. Kamei H, Kojima T, Hasegawa M, Koide T, Umeda T, Yukawa T, et al. Supressão do crescimento de células tumorais por antocianinas in vitro. *Cancer Investig* 1995;13:590-4.

49. Kannappan R., Gupta SC., Kim JH., Reuter S., e Aggarwal BB.(2011). Neuroprotecção por nutracêuticos derivados de especiarias: You Are What You Eat! *Mol Neurobiol.* 2011 outubro; 44(2): 142-159.

50. Karimi E, Mehrabanjoubani P e Keshavarzian M: Identificação e quantificação de componentes fenólicos e flavonóides em palha e casca de sementes de algumas variedades de arroz (Oryza *sativa* L.) e suas propriedades antioxidantes. Jornal Ciência da Agricultura Alimentar 2014; DOI: 10.1002/jsfa.6567.

51. Khanthapok P., Muangprom A., Sukrong S. Atividade antioxidante e propriedades protectoras do ADN dos sumos de erva de arroz. *ScienceAsia* 41 (2015): 119-129.

52. Kim D.O., H.J. Heo, Y.J. Kim, H.S. Yang e C.Y. Lee: Fenólicos de cereja doce e azeda e seus efeitos protectores nas células neuronais. Journal Agriculture Food Chemistry 2005; 53: 9921-9927.

53. Kim S, Kim J e Jia Y: As actividades hipolipidémicas e hipoglicémicas das fibras de arroz integral fermentadas através da regulação de PPARa e ChREBP nos fígados de ratinhos C57BL/6J. Journal Nutritional Food Science 2014; 4:

307.

54. Kim S.P, Kang M.Y, Park J.C, Nam S.H e Friedman M: O extrato de fumo da casca de arroz inativa a *Salmonella typhimurium* em meios laboratoriais e protege os ratos infetados contra a mortalidade. Journal of Food Science 2012; 77(1): 80-85.

55. Klaunig JE, Kamendulis LM. O papel do stress oxidativo na carcinogénese. *Annu Rev Pharmacol Toxicol* 2004;44:239-67.

56. Kong L, Wang Y, Cao Y. Determinação de Myo-inositol e D-chiro-inositol em farelo de arroz preto por eletroforese capilar com deteção eletroquímica. *J Food Compos Anal* 2008;2:501-4.

57. Konwatchara T. eAhromrit A. Efeito da cozedura nas propriedades funcionais do arroz preto glutinoso germinado (KKU-ULR012). *Songklanakarin J. Sci. Technol.* 36 (3), 283-290, maio - Jun. 2014.

58. Kour J e Saxena DC. Estudos sobre o desenvolvimento de alimentos nutracêuticos utilizando a tecnologia de extrusão - uma revisão. *Austin J Nutri Food Sci.* 2014;2(5): 1028.

59. Marothia D.K., Singh R.K., Chandrakar MR. e Jain BC. Economics and Marketing of Aromatic Rice -*A* Case Study of Chhattisgarh (Economia e comercialização do arroz aromático - *um* estudo de caso de Chhattisgarh). *Agricultural Economics Research Review* Vol. 20, janeiro-junho de 2007, pp. 29-46.

60. Martin S, Favot L, Matz R, Lugnier C, Andriantsitohaina R. Delphinidin inhibits endothelial cell proliferation and cell cycle progression through a transient activation of ERK-1/-2. *Biochem Pharmacol* 2003;65:669-75.

61. Medhabati K, Rajiv D.K, Henary Ch, Dikash TH e Sunitibala H: Indução de calo androgénico do híbrido de arroz Indica de Chakhao Amubi e Basmati. Revista Internacional de Pesquisa em Ciências Biológicas 2014; 3(4): 73-79.

62. Meng R.G, Tiang Y.C, Yang Y e Shi J: Avaliação da atividade de eliminação do radical livre DPPH de *Ligularia fischeri in vitro*-. Um estudo de caso da

região de Shaanxi. Jornal Indiano de Ciências Farmacêuticas 2016; 78(4): 436-442.

63. Mishra V, Yadav N e Puranik V. Efeito dos métodos de processamento nas propriedades nutracêuticas e antioxidantes do arroz vermelho *(oryza nivara)*. *Revista internacional de ciências alimentares e nutricionais* Vol.3, Iss.4, Jul-Set 2014.

64. Murakami. M, Ota. H, Sugiyama. A e Tokuyama. T: Efeito supressor do extrato de arroz na infeção por *Helicobacter pyroli* num modelo de gerbo da Mongólia. Journal of Gastroenterology 2005; 40(5): 459-466.

65. Nam SH, Choi SP, KangMY, Koh HJ, Kozukue N, Friedman M. Antioxidative activities of bran extracts from twenty one pigmented rice cultivars. *Food Chem* 2006;94: 613-20.

66. Noppawat P., Chaiyavat C., Chalermpong S.l, Sasithom S., Sartjin P" Prasit S.3, Sophon S.4, Bhagavathi S.S., Propriedades físico-químicas e antioxidantes de variedades de arroz preto, castanho e vermelho do norte da Tailândia. *Food Sci. Technol, Campinas,* 35(2): 331-338, Abr.-Jun. 2015

67. Oki T, Masuda M, Kobayash M, Nishiba Y, Furuta S, Suda I. e Sato T: Polymeric procyanidins as radical-scavenging components in red-hulled rice. Journal of Agricultural and Food Chemistry 2002; 50: 7524- 7529.

68. P. Molynux: A utilização do radical livre estável DPPH para estimar a atividade antioxidante. Songklanakarin Journal of Science Technology 2004; 26(2): 311 -322.

69. Park, Sam Y, Kim SJ, Chang HI. Isolamento de antocianina do arroz preto (Heugjinjubyeo) e análise das suas actividades antioxidantes. *Kor. J. Microbiol. Biotechnol.*Nol. 36, No. 1, 55-60(2008).

70. Phonsakhan W., e Ngem K.K. Um estudo proteómico comparativo de folhas de arroz glutinoso branco e preto. *Revista Eletrónica de Biotecnologia* 18 (2015) 29-34.

71. Pompan P e Natthanej L: O Efeito Antibacteriano *in-vitro* dos Extractos Brutos de Arroz Colorido contra *Staphylococcus aureus* Associado à Infeção

da Pele e dos Tecidos Moles. Journal of Agricultural Science 2013; 5(11).

72. Prabhu AA, Mrudula C.M e Rajesh. J. Efeito da fermentação da levedura nas propriedades nutracêuticas e antioxidantes do farelo de arroz. *Jornal Internacional de Ciências Agrárias e Alimentares* 2014; 4(1): 59-65.

73. Pumirat P., Luplertlop N. O efeito antibacteriano in vitro dos extratos brutos de arroz colorido contra Staphylococcus aureus associado à infeção da pele e dos tecidos moles. *Journal of Agriculture Science',* Vol.5,No 11; 2013.

74. Qureshi AA, Mo H, Packer L, Peterson DM. Isolamento e identificação de novos tocotrienóis do farelo de arroz com propriedades hipocolesterolémicas, antioxidantes e antitumorais. *J Agric Food Chem* 2000;48:3130-40.

75. R.J. Ruch, S.J. Cheng, e J.E. Klaunig: Prevenção da citotoxicidade e inibição da comunicação intracelular por catequinas antioxidantes isoladas do chá verde chinês. Carcinogenesis 1989; 10: 1003-1008.

76. Rahaman H, Eswaraiah, MC e Dutta AM: Joha Rice: Um arroz indígena aromático de Assam, Índia, contém flavonóides e substâncias fenólicas e apresenta boas actividades antioxidantes. Der Pharmacia Lettre 2015; 7: 212-217.

77. Rechner AR, Kroner C. As antocianinas e os metabolitos colónicos dos polifenóis da dieta inibem a função plaquetária. *Thromb Res* 2005;1 16:327-34.

78. Rohrer AC.; Siebenmorgen TJ. Concentrações Nutracêuticas no Farelo de Várias Fracções da Espessura do Grão de Arroz. *Biosystems Engineering* (2004) 88 (4), 453^60.

79. Rong N, Ausman LM, Nicolosi RJ. O Oryzanol diminui a absorção de colesterol e as estrias gordas da aorta em hamsters. *Lipids* 1997;32:303-9.

80. Sachan NK, Ghosh SK e Bhattacharya A. Pharmaceutical Utility of Assam Bora Rice for Controlled Drug Delivery (Utilidade Farmacêutica do Arroz de Assam Bora para a Libertação Controlada de Medicamentos). *World Applied Sciences Journal* 14 (11): 16871695, 2011.

81. Sadabpod K., Kangsadalampai K., and Tongyonkl L. Antioxidant activity and

antimutagenicity of horn nil rice and black glutinous rice. *J Health Res 2010, 24(2): 49-54.*

82. Saenkod C., Liu Z., Huang J. e Gong Y. Propriedades bioquímicas anti-oxidativas de extractos de algumas variedades de arroz chinesas e tailandesas. *Afr. J. Food Sci.* Vol. 7(9) pp. 300-305, setembro de 2013.

83. Sangkitikomoll W. , Tencomnao T. e Rocejanasaroj A. Efeitos do extrato tailandês de arroz preto pegajoso no stress oxidativo e na expressão do gene do metabolismo lipídico em células HepG2. Genet. *Mol. Res.* 9 (4): 2086-2095 (2010).

84. Sangkitikomoli W.,Tencomnao 1 T e Rocejanasaroj A. Antioxidant effects of anthocyanins-rich extract from black sticky rice on human erythrocytes and mononuclear leukocytes. African Journal of Biotechnology Vol. 9(48), pp. 82228229,29 novembro, 2010

85. Sasaki M, Kabyemela B, Malaluan R, Hirose S, Takeda N, Adschiri T, et al. Cellulose hydrolysis in subcritical and supercritical water. J *Supercrit Fluids* 1998;13:261-8.

86. Sen S, De B, Devanna N e Chakraborty R: Teor total de fenólicos, flavonóides totais e capacidade antioxidante das folhas de *Meyna spinosa* Roxb., uma planta medicinal indiana. Jornal Chinês de Medicamentos Naturais 2013; 11: 149-157.

87. Setyaningsih W., Hidayah N, Saputro IS., Lovillo MP.,e Barroso CG. Estudo de variedades de arroz glutinoso e não glutinoso (Orjza *Sativa)* em seus compostos antioxidantes. *Conferência Internacional sobre Ciências Vegetais, Marinhas e Ambientais (PMES-2015) 1-2 de janeiro de 2015 Kuala Lumpur (Malásia).*

88. Sharma HK (2014) Bora Rice: Um produto farmacêutico promissor. *J Rice Res* 2: el 10. doi:10.4172/2375-4338.1000el10.

89. Sharma S.D., Vellanki J.M.R., Hakim K.I., Singh R.K.. Primitive and current cultivars of rice in *Assam-C* rich source of valuable genes. *Current Science,* 1971, 40: 126-128.

90. Singh RJ, Khush GS. Cytogenetics of rice. In: Nanda JS, editor. Rice genetics and breeding. EUA: *Science Publishers',* 2000.

91. Singh, R.K., Singh, U.S. e Khush, G. S. 1997. 'Indigenous aromatic rices of India: Present scenario and needs'. *Agricultural Situation in India* LIV (8): 491-496.

92. Sompong R, Siebenhandl-Ehn S*, Martin SL., Berghofer E. Propriedades físico-químicas e antioxidantes de variedades de arroz vermelho e preto da Tailândia, China e Sri Lanka. *Food Chemistry* 124 (2011) 132-140.

93. Souci. S, Fuchmann W e Kraut. H: Tabelas de composição e nutrição dos alimentos 1980; (187).

94. Sutharut, J. e Sudarat, J. Teor total de antocianinas e atividade antioxidante do arroz colorido germinado. *Jornal Internacional de Investigação Alimentar 19(1): 215-221 (2012).*

95. Takashi Ichiyanagi, Bing Xu, Yoichi Yoshii, Masaharu Nakajima, Tetsuya Konishi,. Antioxidant activity of antocyanin extract from purple black rice" (Atividade antioxidante do extrato de antocianina do arroz preto roxo). *Journal of medicinal food.* 1 de dezembro de 2001, 4(4): 211-218.

96. Tambhale SD., Kumar V e Varsha Shriram V. Resposta diferencial de duas cultivares de arroz Indica perfumado (Oryza sativa) sob stress salino. *Journal of Stress Physiology & Biochemistry, Vol. 7 No. 4 2011, pp. 387-397 ISSN 1997-0838.*

97. Tedesco I, Rusoo GL, Nazzaro F, Russo M, Palumbo R. Antioxidant effect of red wine anthocyanins in normal and catalase-inactive human erythrocytes. *J Nutr Biochem* 2001;12:505-11.

98. Teramoto, Y., Koguchi, M., Wongwicham, A. and Saigusa, N. Production and antioxidative activity of alcoholic beverages made from Thai *ou* yeast and black Vol. 10(52), pp. 10706-10711, 12 September, 2011.

99. Tsuda T, Shiga K, Ohshima K, Kawakishi S, Osawa T. Inibição da peroxidação lipídica e efeito de eliminação do radical de oxigénio ativo dos pigmentos de antocianina isolados de Phaseolus vulgaris L. *Biochem*

Pharmacol 1996;52:10339.

100.   Tsuzuki, E. 1984.11. Identificação de componentes aromáticos por cromatografia em camada fina e cromatografia gasosa". *Bull. Fac. Agric. Miyazaki* Univ. 22: 179-183.

101. Tsuzuki, E., Morinaga, K. e Shida, S. 1977. Estudos sobre as características do arroz perfumado III. Diferenças varietais de alguns compostos carbonílicos desenvolvidos em variedades de arroz aromatizado para cozedura". *Bull. Fac. Agric.* Miyazaki *Univ.* 24: 35.

102. Tsuzuki, E., Morinaga, K., Shida, S. e Danio, T. 1975. Estudos sobre as características do arroz aromatizado. I. Alterações dos componentes do sabor durante a cozedura". *Bull. Fac. Agric.Miyazaki Univ.* 22: 171-177.

103. Tsuzuki, E., Tanaka, K. e Shida, S. 1979. Estudos sobre as características do arroz perfumado VI. Diferenças varietais na composição em ácidos gordos do arroz integral". *Bull. Fac. Agric.Miyazaki* Univ. 26: 443-449.

104. Tsuzuli, E., Matsuki, C., Morinaga, K. e Shida, S. 1978. Características do arroz perfumado 4. Compostos voláteis de enxofre provenientes do arroz cozinhado". *Japanese J. Crop Sci.* 47: 375-380.

105. Um MY, Ahn J e Ha TY: Efeitos hipolipidémicos do extrato rico em cianidina 3-glucósido do arroz preto através da regulação das actividades das enzimas lipogénicas hepáticas. Journal Science Food Agriculture 2013; 93: 3126-3128.

106. Van Dalen G. Determinação da distribuição do tamanho e da percentagem de grãos partidos de arroz utilizando a digitalização plana e a análise de imagens. *Food Res Int* 2004;37:51-8.

107. Walter M. e Marchesan E. Compostos Fenólicos e Atividade Antioxidante do Arroz. *Braz. Arq. Biol. Technol.* v.54 n.2: pp. 371-377, Mar/Abr 2011.

108. Wang Q., Han P., Zhang M., Min Xia M., Zhu H., Ma J., Hou M., Tang Z e Ling W. A suplementação de fração de pigmento de arroz preto melhora o estado antioxidante e anti-inflamatório em pacientes com doença coronária. *Asia Pac J Clin Nutr 2007;16 (Suppl 1):295-301.*

109. Wiset L,Laoprasert P, Borompichaichartkul C, Poomsa-ad N e Tulyathan V. Effects of in-bin aeration storage on physicochemical properties and quality of glutinous rice cultivar RD 6. *AJCS* 5(6):635-640 (2011).

110. Yao, S.L., Xu, Y; Zhang, Y. Y.; Lu, Y.H. (2013). "O arroz preto e a antocianina induzem a inibição da absorção de colesterol in vitro". *Alimentos e Funções* 4(11): 16028.

111. Zhang M, Guo B, Zhang R, Chi J, We Z, Xu Z, Zhang Y e Tang X: Separação, purificação e identificação de composições antioxidantes no arroz preto. Agricultural Science in China 2006; 5: 431-440.

112. Zhang M, Zhang R, Zhang F e Liu R: Perfil fenólico e atividade antioxidante do farelo de arroz preto de diferentes variedades comercialmente disponíveis. Journal of agriculture Food Chemistry 2010; 58: 75-87.

113. Zhang MW, Zhang MW, Guo BJ, Peng ZM. Efeitos genéticos nos teores de Fe, Zn, Mn e P no arroz Indica de pericarpo preto e suas correlações genéticas com as características do grão. *Euphytica* 2004;135:315-23.

114. Zhao C, Giusti MM, Malik M, Moyer MP, Magnuson BA. Efeitos de extractos comerciais ricos em antocianina no cancro do cólon e no crescimento de células do cólon não tumorigénicas. *J Agric Food Chem* 2004;52:6122-8.

yes
I want morebooks!

Buy your books fast and straightforward online - at one of world's fastest growing online book stores! Environmentally sound due to Print-on-Demand technologies.

Buy your books online at
www.morebooks.shop

Compre os seus livros mais rápido e diretamente na internet, em uma das livrarias on-line com o maior crescimento no mundo! Produção que protege o meio ambiente através das tecnologias de impressão sob demanda.

Compre os seus livros on-line em
www.morebooks.shop

info@omniscriptum.com
www.omniscriptum.com

Printed by Books on Demand GmbH, Norderstedt / Germany